導言

「無」究竟是
什麼東西 ……………… 2

從各個面向來探討
「無」的世界 ………… 4

特別的數「零」與無的歷史

有很長一段時間
「零」不是「數」 ……… 6

即便是偉人
也未必能理解零 ………… 8

零是非常方便
的符號 …………………… 10

妥善使用零
並非易事 ………………… 12

率先將零當作數
來使用的印度 …………… 14

把零當作數
是誕生自筆算？ ………… 16

Coffee Break 乘以「0」得「0」
的神奇性質 …………… 18

「零」與無限的世界

令人困擾的「無限」分割
和零的關係 ……………… 20

解決無限悖論
的概念 …………………… 22

Coffee Break 不能除以
「0」 …………………… 24

「無限」和零的關係
如同親戚一般 …………… 26

雖然是「全體」和「部分」，
大小卻相同？ …………… 28

發明微積分的
天才數學家 ……………… 30

微積分促進了
文明的發展 ……………… 32

Coffee Break 大小為零的點
可以集合成線？ ……… 34

溫度為「零」的不可思議世界

物質在「絕對0度」
會如何運動？ …………… 36

電阻為零的
「超導現象」 …………… 38

「超流動性」是超出常識的
不可思議現象 …………… 40

利用超導的
線性馬達車 ……………… 42

Coffee Break 用了才會明白
0的重要功能 ………… 44

密度為「零」的空間「真空」的世界

「真空」
真的存在嗎？ …………… 46

真空的存在
已藉由實驗證明 ………… 48

眼前的空氣中
也有真空存在？ ………… 50

原子裡面也有
幾近空無一物的「無」… 52

能穿透一切的
「幽靈物質」 …………… 54

最新技術創造的
10兆分之1大氣壓 …… 56

真空真的是
空無一物的空間嗎？ …… 58

雖說是真空，
卻非完全的「無」！ …… 60

Coffee Break 生活中能切身體會
0的重要性 …………… 62

從宇宙思考「無」的世界

光是質量為零
的粒子？ ………………… 64

質量為零的光
會彈飛電子 ……………… 66

質量為零的天體
「黑洞」 ………………… 68

愛因斯坦預言的
時間延遲 ………………… 70

Coffee Break 飛向黑洞的
探測船行蹤 …………… 72

廣大宇宙
初生時的模樣 …………… 74

宇宙從「無」誕生的
根據是什麼？ …………… 76

Contents

「無」究竟是什麼東西

華麗豐富的「有」
看似寂寥的「無」

　　望無際的大地、蔚藍天空中的白雲及太陽等，我們的周遭是個充滿「有」的世界。但是在閱讀本書時請反其道而行，想像一下把這些東西剔除之後的「無」的世界。

　　說到連空氣也沒有的虛空空間，或許很多人會立刻聯想到宇宙空間——那是一個「真空」的世界。相對於「有」的華麗豐富、充滿魅力，「無」或許會讓人覺得空虛寂寥。但是，所謂的「無」其實是活躍、動態的東西，甚至有學者說：「了解無的一切，就能了解一切。」

　　自古以來，眾多宗教家及哲學家就在探求「無為何物」的解答。舉例來說，西元前5世紀左右的古希臘哲學家中，最早深入探索「無（不存在）」的人是巴門尼德（Parmenides，前515左右～前445左右）。巴門尼德主張「不存在的東西（無）」並不存在。

從各個面向來探討「無」的世界

數字的零、零與無限、絕對０度、真空、宇宙中的零

本書將從「數字的零」、「零與無限」、「溫度的零」、「真空」、「宇宙中的無」這五個面向來探討「無（零）」。

最先要探討的，當然是零這個特別的數。現今在運用零的時候似乎理所當然，但是倘若沒有發現這個特殊的數，科學恐怕沒有辦法發展到現在這個程度。追根究柢探討零的話，就會碰到無限這個新問題。

從時間、空間都不存在的「無」
誕生出宇宙的示意圖

有些物質在溫度降低到接近絕對0度時，會發生奇妙的現象。這也是與零有關的不可思議之一。

真空也是象徵無的現象。根據現代物理學，理應空無一物的真空，其實也充滿了各式各樣的「某物」。不斷地窮究「無」，會不可思議地出現「有」。此外，可能存在於宇宙中的天體黑洞，也為我們帶來了思考宇宙中無的世界的重要線索。

那麼，就來深入探討這些關於無的話題吧！

有很長一段時間「零」不是「數」

自古以來令許多數學家為之困擾的零

「**零**（0）」是一個數（number）嗎？古人對此似乎相當苦惱。一般認為，數原本是為了計數物品「個數」而誕生的產物。但是，我們不會說「0個蘋果」。這樣想的話，和1到9這類其他的數比起來，0確實會讓人覺得是個不可思議的存在。

實際上，有很長一段時間，零未被當成是「數」。所謂的「數」不只是「個數」的概念，它也是加法、乘法等的演算對象。

英語的「number」這個單字，具有數和個數這兩方面的涵義。畢竟人類會透過語詞來進行思考，所以在歐洲似乎是把數和個數視為相同的概念，這可能也是零未被視為數的原因之一。

作為座標原點的「零」
要表示空間中的各點位置時，通常會使用3條正交的座標軸。3條座標軸共同相交的交點，即為所有座標的值為零的原點。

具有各種意義的「零」①

無的「零」
宇宙空間是（幾近）真空。真空是指沒有任何空氣及物質，且密度為零的空間。

離心力

重力

平衡的「零」
在地球環繞軌道上太空漫步的太空人處於無重力狀態。也就是說，施加在他身上的力總和為零。

即便是偉人也未必能理解零

零的除法使數學崩壞

現今我們理所當然地使用著零，不過零的概念曾經讓歐洲人困擾了很長一段時間。即便是著名數學家帕斯卡（Blaise Pascal，1623～1662），也曾經認為「0減去4仍然是0」。理由在於0是什麼也沒有的「無」，所以無法減去任何東西。

試著進行0的除法運算吧！例如，設「1÷0」的答案為a。如果把「1÷0＝a」的兩邊都乘以0，則「1＝a×0＝0」，會得到「1和0相等」的結果。若把1換成其他的數結果也一樣，會導致「所有的數都和0相等」，可是這顯然有矛盾（詳見第24～25頁）。

就像這樣，0使數學的合理性崩壞了，因此現代數學把0的除法運算列為禁止事項。

作為基準值的「零」
我們日常生活中所使用之溫度計的0℃，是以水結冰的溫度為基準而定。

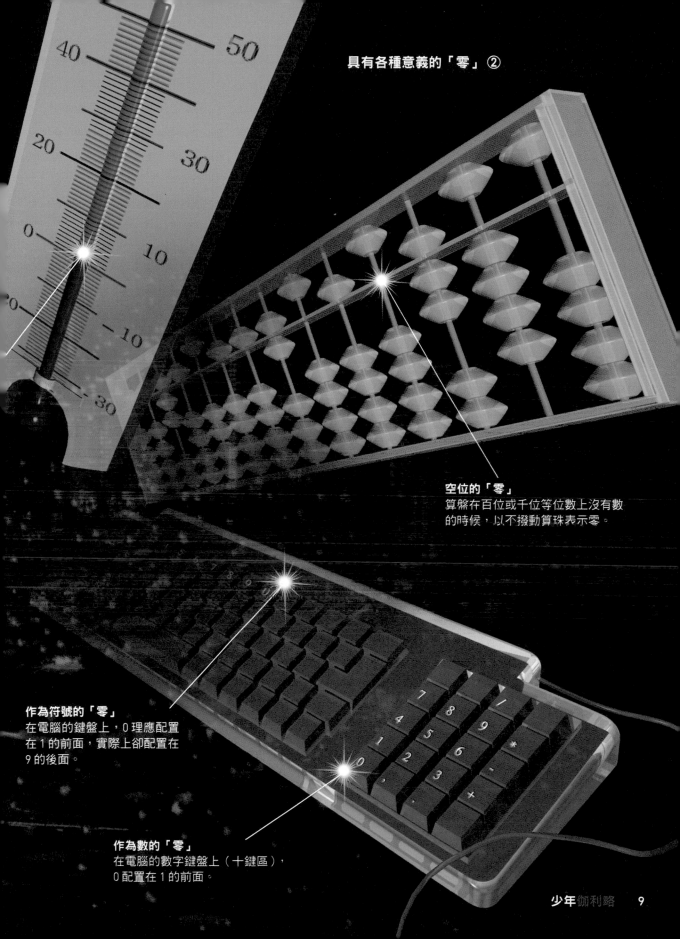

空位的「零」
算盤在百位或千位等位數上沒有數
的時候，以不撥動算珠表示零。

作為符號的「零」
在電腦的鍵盤上，0理應配置
在1的前面，實際上卻配置在
9的後面。

作為數的「零」
在電腦的數字鍵盤上（十鍵區），
0配置在1的前面。

零是非常方便的符號

可以用極少的符號
來表示極大的數

使用零的優點之一在於，可以使用種類較少的符號來表示極大的數。例如，以國字表示數的時候，除了一～九之外還有十、百、千，接著每過4個位數就要運用一個新的國字，像是萬、億、兆、京……。但是使用0的話，則可以寫成10,000、100,000,000、1,000,000,000,000……即使沒有設計新的符號，也能夠表示極大的數。這個方法稱為「位值記數法」（positional notation），而用於表示某個位數上什麼都沒有的「0」扮演著非常重要的角色。

另一方面，古埃及在各個位數使用不同的符號來表示，諸如10為「腳鐐」、100為「繩（捲尺）」、1000為「荷的莖與葉」等。希臘則是分別使用不同的符號來表示，例如：10（ι）、20（κ）、30（λ）、40（μ）、100（ρ）、200（σ）、300（τ）、400（ν）等，所以符號的種類更多。

古代文明的零符號與數字

現代的數字 （阿拉伯數字）	埃及的數字	希臘的數字	美索不達米亞的數字 （60進位）	馬雅的數字 （20進位）
0	無	等	等	
1	I	α		・
2	II	β		・・
3	III	γ		・・・
4	IIII	δ		・・・・
5	IIII	ε		―
6				
7				
8				
9				
10				
20				
100				

妥善使用零
並非易事

過去似乎沒有將零
使用在運算上

馬雅文明（前6世紀左右）和美索不達米亞文明（前3世紀之前）也採行使用「零」的位值記數法。另外，馬雅文明也有使用象形文字表示數字的方法。此時，零是以「手掌托著下巴的側臉」等圖案來表示。

　　雖然這兩個文明發明了劃時代的記數法，但零也不過是用於表示空位的「符號」，似乎沒有加以使用在運算上（0＋a等）。這可能是因為古代文明在進行運算時，是使用算盤、算籌（排列木片進行運算的道具）等工具，數字主要用於記錄而已。因此，並未把零使用在運算上，也就沒有必要當成「一個獨立的數」來處理。

　　另一方面，在現代時鐘鐘面等處會看到的羅馬數字，是以「X」表示10、「C」表示100，根本就沒有表示零的符號。

零作為數的起源以及算盤
在許多古代文明中，會使用算盤、算籌等工具進行運算，數字似乎只用來記錄運算的結果。

時鐘與羅馬數字
羅馬數字中也沒有用於表示零的符號。

刻在石碑上的馬雅象形文字的零
以手掌托著下巴的側臉來表示。

率先將零當作數來使用的印度

人類史上率先
把零用在運算上的起源

雖然零作為「位值的符號」有其用途,但也只是用於表示沒有數字及單位的符號而已。據說最早把零當作一個獨立的「數」的國家是印度。所謂「將零視為獨立的數」,代表把零當作加減乘除等運算的對象。

把零當作數的發現非常重要。如果沒有把零當作數,就無法進行$a^0=1$這類運算,也沒有辦法從$(x-3)(x+2)=0$算出$x=3$,-2。

現代的運算用數字(阿拉伯數字)

1234
567890

溯至西元550年左右的天文學書籍。
太陽在天球上的運動是 1 天移動大約
60分（1 度），但會依季節而有若干
變動。印度把這個現象記為「60±a
分」，恰好60分的時期則記為「60－
0」。由此可知，在 6 世紀中葉的印
度，已經把零當作運算的對象了。

印度的數字經由伊斯蘭文化圈傳到歐洲

內含運算用數字「0～9」的記數法起源自印度。這種包括 0 的記數法在印度誕生之後，先傳入阿拉伯的伊斯蘭文化圈，再經由西班牙及義大利普及到歐洲全域。所以人們誤以為是阿拉伯人的發明，稱這些數字為阿拉伯數字。

古代印度的數字
（笈多王朝，4～6世紀）
右下的符號代表 0。左上為 1，
後面依序為 2、3、……、9。

把零當作數
是誕生自筆算？

零對人類而言
是一項重大發現

為為什麼在印度能夠萌生把零當作數的想法呢？研究印度數學史的日本同志社大學榮譽教授林隆夫如是說：「在印度，不僅有把零當作位值符號來使用的基礎，還有經常進行筆算的背景。例如，在利用筆算進行『25＋10』的計算時，會無可避免地要在個位計算『5＋0』，由此便可看出把零當作數的必要性。」

至於是哪個印度人「發現」了把零當作數的方式呢？這個起源至今成謎。也有可能是在日常的商業活動中，自然而然地誕生。但是，這個看似微不足道的小發現，對於時至今日的人類文明進展來說，算是非常重大的發現！

零作為數是從筆算誕生？

在印度經常進行筆算。印度的筆算是用粉筆寫在石板或獸皮上，或是撒上沙或粉之後以手指或木棒書寫。插圖所示為當時進行計算的場景，第3行的「●」表示零。

乘以「0」得「0」
的神奇性質

首先，要認同「0＋0＝0」是「0」的一個性質。在這個基礎上，試著思考「3」乘以「0」這件事吧！「3×0」可以如下圖表示。

請看右頁。把A加上A仍會得到A，這個A會是什麼數呢？只能是「0」了。因為「0」具有「a＋0＝

$$3 \times 0$$

$$=$$

$$3 \times (0 + 0)$$

$$=$$

$$3 \times 0 + 3 \times 0$$

也就是

$$3 \times 0 + 3 \times 0 = 3 \times 0$$

a」的性質，而且具有該性質的數也只有0而已。也就是說，由於「A＝3×0＝0」成立，可知「3×0＝0」。

在上述算式中，純粹是以3作為範例而已，換成其他任何數都一樣。也就是說，對於任意數a，「a×0＝0」都成立。不過前提是a為一個數。

設3×0＝A，則

$$A + A = A$$

滿足這個算式的數

只有「0」。

令人困擾的「無限」分割和零的關係

何謂「芝諾悖論」

第 1 個中間點

對某個物體做「無限」分割，則其要素會無窮盡地趨近於「零」。零和無限具有一體兩面的關係。在此，就來看看令古希臘哲學家們苦惱不已的無限之問吧！

在關於無限的諸多問題中，尤以「芝諾悖論」（Zeno's paradoxes）較為著名。古希臘哲學家芝諾（Zeno of Elea，前490左右～前430左右）提出了幾個悖論（表面上看似正確又好像錯誤的問題），其中一個是以「無法抵達目的地」（二分法）為題。

若要抵達目的地，首先必須通過介於出發點與目的地之間的中間點。即使通過了這個中間點，在抵達目的地之前，又會形成新的中間點必須通過。與目的地之間的距離無窮盡地趨近於「零」，但同時也形成了無限個必須通過的中間點。芝諾因此主張：「要通過無限多個中間點是不可能的，所以永遠無法抵達目的地。」

剩下的距離越來越接近「零」，卻始終無法抵達目的地？

若要抵達目的地，首先必須通過介於出發點與目的地之間的第1個中間點。接著，必須通過介於第1個中間點與目的地之間的中間點，也就是第2個中間點。若這個情形無限延伸下去，則代表剩下的距離越來越接近零，但是絕對不會變成零。

目的地（終點）

第2個中間點

第3個中間點

放大如下

放大如下

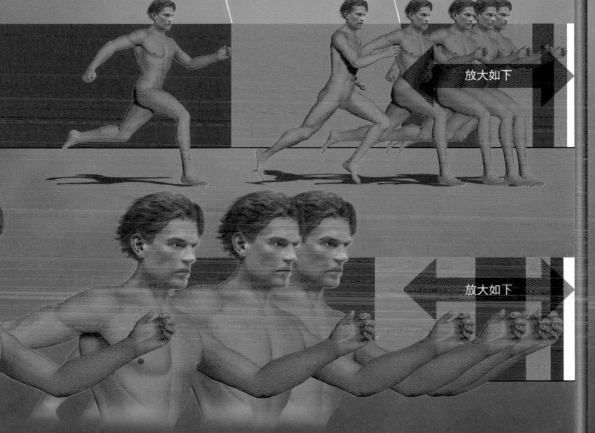

剩下的距離無窮盡地接近「零」，但絕對不會變成「零」。

「零」與無限的世界

解決無限悖論
的概念
其實能夠簡單地
解決的悖論

「無」法抵達目的地」這個芝諾悖論明顯與事實不符，但是古希臘哲學家不知道該如何處理「無限」這個怪物，因此對芝諾悖論深感困惑。

現在就來簡單地說明這個問題。假設抵達第 1 個中間點所需的時間為 1 秒，則抵達第 2 個中間點所需的時間為 $\frac{1}{2}$ 秒，再接著抵達第 3 個中間點所需的時間為 $\frac{1}{4}$ 秒。也就是說，抵達目

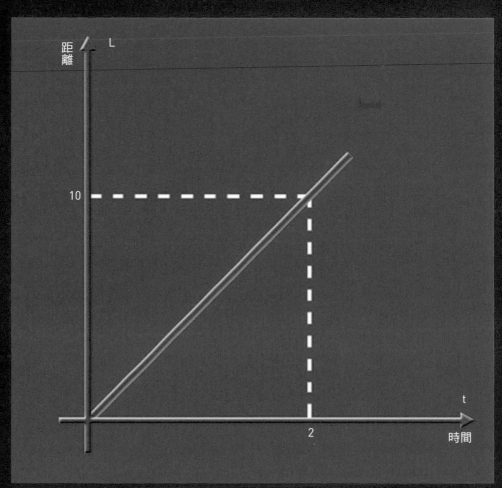

利用圖形解決悖論
假設跑者以秒速 5 公尺奔跑，則 t 秒後到達的距離 L 可以寫成算式「L＝5t」，圖形如上所示。假設目的地在前方10公尺處，則「10＝5t→t＝2」，由此可知 2 秒後即可抵達目的地。

的地所需的時間，可以利用「1＋$\frac{1}{2}$＋$\frac{1}{4}$＋$\frac{1}{8}$＋$\frac{1}{16}$＋…」（秒）這樣無限的加法運算來求得。

芝諾主張「因為無限地相加，所以答案是無限大」，但其實這個想法錯了。實際計算的結果，這個算式的答案會趨近於2，而且不會超過2。也就是說，2秒後就能抵達目的地。雖然無限地相加，卻收斂於某個有限的值，這樣的情況並不少見。

總面積為2的正方形

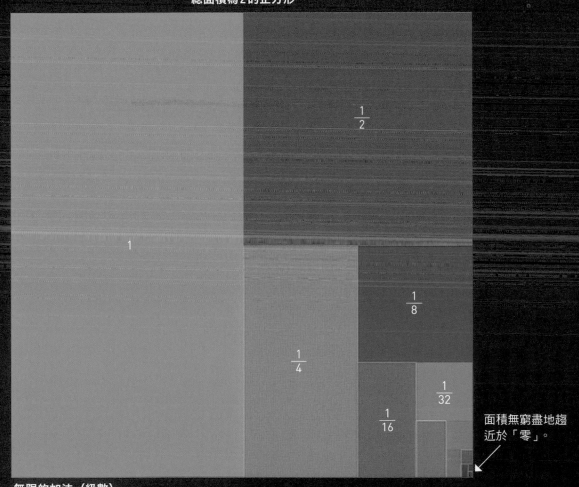

面積無窮盡地趨近於「零」。

無限的加法（級數）
上圖為面積為2的正方形。左半邊的面積為1。剩下右半邊的一半面積為$\frac{1}{2}$。再剩下的一半面積為$\frac{1}{4}$。這個情形無限地延伸下去，就會越來越接近正方形的總面積，且不會超過2。

不能除以「0」

「a除以b的答案是c」是什麼意思呢?把「a÷b=c」的兩邊乘以b,可得「c×b=a」。也就是說,「a÷b=c」和「c×b=a」雖然呈現的形式不同,但表示的內容相同。將之記成算式,則如左下所示(**1**)。

這代表「除法是乘法的反運算」。在(**1**)中,「b=0」的情況為(**2**)。

$$a \div b = c$$

$$\Updownarrow$$

$$c \times b = a \quad \text{(1)}$$

設b=0,則

$$c \times 0 = a \quad \text{(2)}$$

「c×0＝0」為真理。但是在（2）中，當「a＝1」時，會得到「c×0＝1」。也就是說，「c×0＝a」不成立。滿足「1÷0＝c」的「c」並不存在（右下）。換句話說，無論「a」是什麼數，都不能把1除以0。

不過，有一個例外，亦即「a＝0」的情況。此時，（2）的右邊為「c×0＝0」，無論「c」是什麼數都會成立。也就是說，「0÷0＝c」的答案可以是任何數（答案未定）。

設a＝1，則

$$c \times 0 = 1$$

$$\Downarrow$$

$$1 \div 0 = c$$

沒有滿足c的數。

1不能除以0。

「無限」和零的關係如同親戚一般

線段中有無限多個零

再來看看和零互為表裡關係的無限吧！

德國數學家康托爾（Georg Cantor，1845～1918）提出了「無限集合也有濃度（cardinality，又稱為勢）」的概念。

所謂無限集合的濃度，究竟是什麼意思呢？舉例來說，自然數和偶數的集合皆數不盡，但一個是{1,2,3,4,5,…}，另一個是{2,4,6,8,10,…}，都

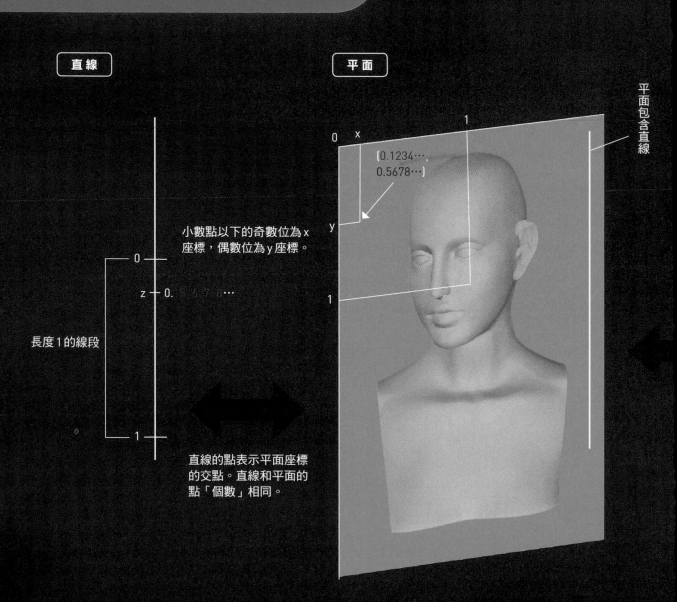

直線

平面

平面包含直線

小數點以下的奇數位為 x 座標，偶數位為 y 座標。

z = 0.5627-8…

長度 1 的線段

直線的點表示平面座標的交點。直線和平面的點「個數」相同。

0.1234…, 0.5678…

能毫無遺漏地點算各自所含的元素。

但是，線段中的點並非如此。無論從線段中取出多麼短小的區段，其中都含有數不盡的無限多個沒有大小的點——零，是不可能全部點算的。

也就是說，儘管都是無限，但也分為能夠明確點算的無限，以及無法明確點算的無限。因此，康托爾主張線段中點的集合是「濃度高的無限」。

直線、平面及空間的點「個數」相等

直線（左）是平面（中）的極小一部分。但令人意外地，直線中的點和平面中的點可以 1 比 1 對應。也就是說，雖然直線只是平面的一部分，但其中所含的點「個數」卻和全體平面中的點「個數」相等（濃度相同）。以此類推，空間（右）中的點「個數」也相等。

空間

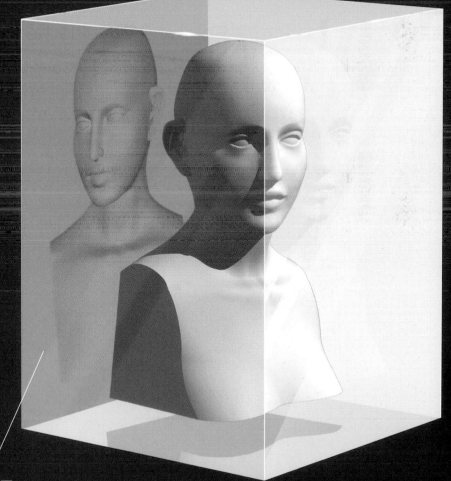

平面和空間的點「個數」相同。

空間包含平面

雖然是「全體」和「部分」，大小卻相同？

無限個點的集團濃度究竟是什麼？

左下圖為偶數、自然數、平方數（自然數的平方）與直線（實數）的無限集合比較。偶數、平方數分別能和自然數 1 比 1 持續對應（黃線的對應），這在數學上稱為「濃度相等」。

但是，偶數和平方數只是自然數的一部分，之所以能夠 1 比 1 對應，是因為集合的元素有無限多。能夠 1 比 1 對應，就代表自然數和偶數、平方

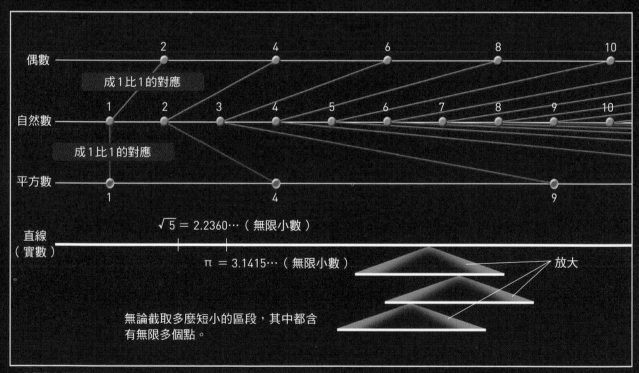

偶數

成 1 比 1 的對應

自然數

成 1 比 1 的對應

平方數

直線（實數）

$\sqrt{5} = 2.2360\cdots$（無限小數）

$\pi = 3.1415\cdots$（無限小數）

放大

無論截取多麼短小的區段，其中都含有無限多個點。

※實數是有限小數和無限小數（小數點以下排列著無限多個數字）的總稱。
　一個實數相當於數線上的一個點（大小為零）。

數的「個數」（不同於有限集合的個數）相等。也就是說，「全體比部分大」這件事在無限集合上並不成立。

另一方面，無論從直線中截取多麼短小的區段，其中都含有無限多個點。直線中的點的集合無法與自然數1比1對應。也就是說，雖然同樣是無限集合，但直線中大小為零的點所構成的集合「濃度比較高」。

線段的點「個數」不會受長度影響

假設有一線段AB和比它長的線段CD。如圖所示，從位於兩條線段外側的O點畫輔助線，則可看出線段AB上所有的點和線段CD上所有的點1比1對應。也就是說，線段所含的點「個數」不會依長度而有所不同。這種情形稱為濃度相等。

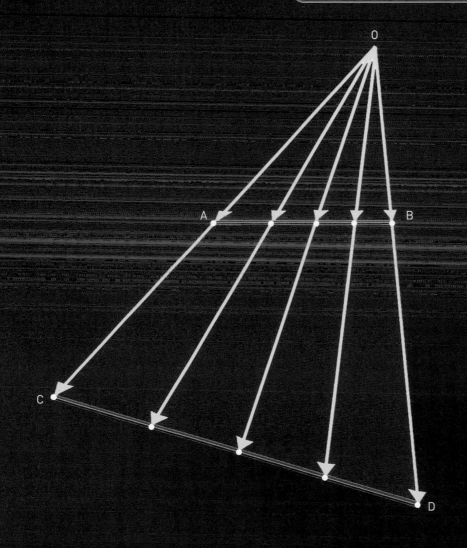

發明微積分的天才數學家

幾乎同時提出解答的牛頓和萊布尼茲

微分和積分是維繫現代社會非常重要的數學技法。提出這個概念的人是17世紀的兩位數學家 —— 家喻戶曉的英國的牛頓（Isaac Newton，1642～1727）以及德國的萊布尼茲（Gottfried Leibniz，1646～1716）。

牛頓和萊布尼茲在幾乎同一時期獨自創建了微積分。牛頓開始研究微積分的時期稍微早一點（1665年左右開

微分（曲線的切線求法）

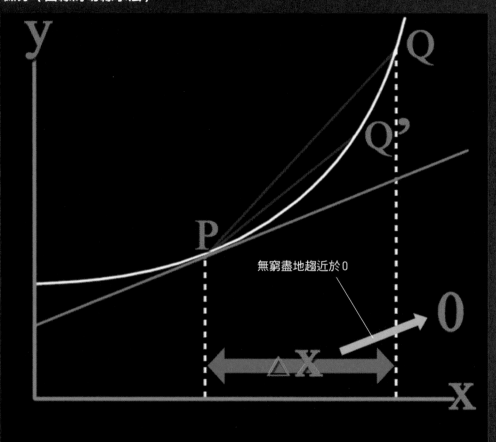

無窮盡地趨近於 0

P點的切線可依下述方法求得。在曲線上取Q點使其 x 座標與P點的 x 座標相距 △X，並連接 PQ。把這個Q點沿著曲線無窮盡地接近P點（Q'點），當△X無窮盡地接近0時，PQ即所求的切線。

始），不過他一向對自己的研究內容保密到家，所以萊布尼茲的獨自研究受到牛頓影響的程度有多少，似乎是個微妙的問題。

到底誰才是微積分的真正創始者呢？力挺牛頓的英國和力挺萊布尼茲的德國曾經為此大力爭論。順帶一提，目前微積分所使用的符號是由萊布尼茲所創。

積分（曲線所圍面積的求法）

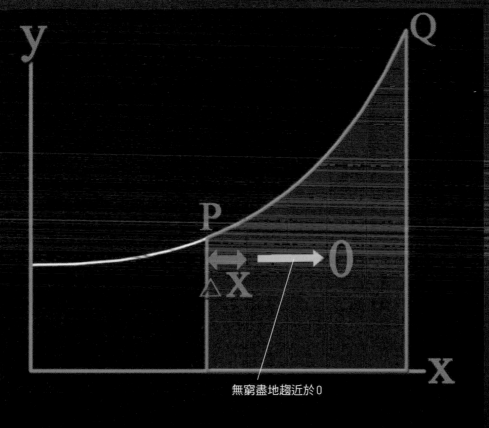

無窮盡地趨近於0

圖中綠色區域的面積可依下述方法求得。在P點和Q點之間嵌入寬度 △X 的長條形（紅色），並設這些長條形的總面積為S。當 △X 無窮盡地接近0時，S就會無窮盡地接近所求的面積（綠色）。

微積分促進了文明的發展

沒有微積分就無法建立現代社會

經濟學
在經濟學的理論中也處處運用到微積分。若要分析現代的複雜經濟系統,微積分是不可或缺的利器。

數學上的「微積分」,是運用「無窮盡地趨近於零」來計算曲線圍成的面積及切線,或求出在圖形的何處可取得最大值、最小值等的方法。微積分誕生於圍繞著「零」的試誤中。

微積分的運用層面非常廣泛。牛頓把微積分運用在力學(說明物體運動等的物理學)上。而在現代物理學中,微積分更成為各種領域的強力武器,將其威力發揮得淋漓盡致。

甚至,說是微積分在背後維繫著現代社會也不為過。例如在建築設計中,結構的荷重及強度等必須先經過充分計算以確保安全性,而在這些計算中便運用了微積分。在經濟領域也不例外,若要分析現代的複雜經濟系統,就不能少了包含微積分在內的數學技法。

維繫現代社會的微積分

微積分是從圍繞著「零」的無數試誤中誕生,運用的領域非常廣泛,包括現代物理學、建築學、經濟學等。說是沒有微積分就無法建立現代社會也不為過。

彈道學
在計算炮彈該以何種初速度及角度發射才能擊中目標時，微積分便派上了用場。

建築學
在計算施加於建築物的荷重及強度的理論中，微積分是非常重要的工具。例如吊橋的荷重完全由橋塔承擔，所以為了確保安全性，設計時必須要求極高的精確度。

大小為零的點可以集合成線？

線 的構成要素為點。可是，為什麼大小為零的點集合之後，能夠成為具有長度的線呢？應該有許多人對此都抱持著疑問。

試著思考一下插圖所示的實數、有理數、有限小數吧！這些都能稱為「直線」，但任何人都無法從外觀上區別這三條線。話雖如此，這三條線

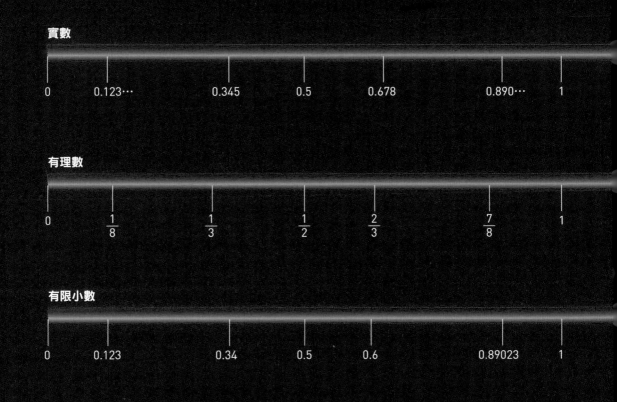

實數

0   0.123⋯   0.345   0.5   0.678   0.890⋯   1

有理數

0    $\frac{1}{8}$ $\frac{1}{3}$ $\frac{1}{2}$ $\frac{2}{3}$ $\frac{7}{8}$ 1

有限小數

0   0.123   0.34   0.5   0.6   0.89023   1

的構成要素「點」各不相同。也就是說，點或直線的概念可以根據目的給予不同的定義。說得極端一點，即便只有兩個相隔的點，而兩點之間沒有任何東西存在，仍可以設想有一條連接兩點的線。

此外，點原本只是用於表示位置。正如前面所述，把兩個「位置」集合在一起（相加），這件事本身可以說是沒有意義的。

無法從外觀上區別三條線的差異

物質在「絕對0度」會如何運動？

所有物質都會停止運動的 −273℃

接下來，從本章開始要來探討自然界中各式各樣的零。首先，來看看溫度的0℃。

0℃唯一的意義，就是指我們不可或缺的「水」這種物質凍結成冰的溫度。另一方面，在物理學上有一種經常使用的溫度名為「絕對溫度」（absolute temperature）。絕對溫度的0度（−273.16℃）是溫度的下限。也就是說，沒有比它更低的溫

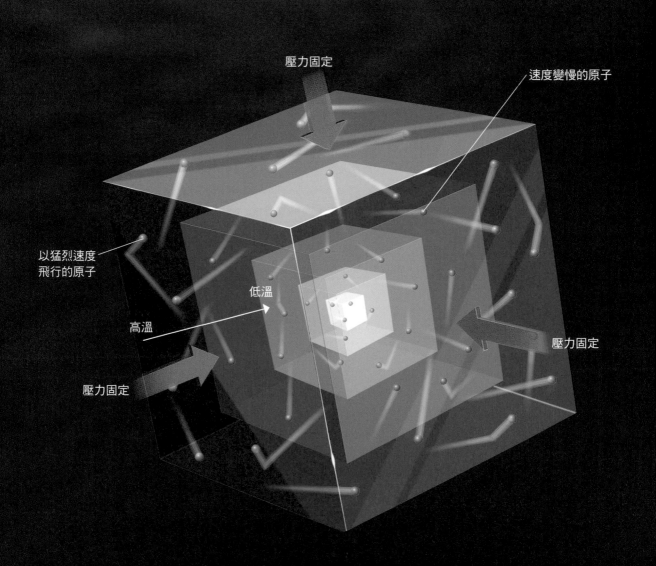

壓力固定

速度變慢的原子

以猛烈速度飛行的原子

低溫

高溫

壓力固定

壓力固定

度。絕對 0 度顧名思義就是具有「絕對」意義的溫度。

　　原本溫度在微觀世界中，即表示原子（或分子）運動的劇烈程度。也就是說，溫度越低則原子的運動越緩和。而原子的運動完全停止的溫度，就是絕對 0 度。不過，這是牛頓力學提出的說明，若是依量子力學的觀點，則原子即使處於絕對 0 度也會持續運動、無法停止。

絕對 0 度時氣體的體積為 0

溫度是指原子運動的劇烈程度。如果保持一定的壓力並逐漸降低溫度，則氣體的體積會隨之減少。若是以0℃時的體積為基準，則每降低1℃，體積會減少273.16分之1。所以理論上來說，降到－273.16℃時氣體的體積會變成「零」，原子的運動也會完全停止。

以實際的氣體來說，由於原子之間有引力在作用，所以在到達絕對 0 度前就會變成液體或固體。

原子

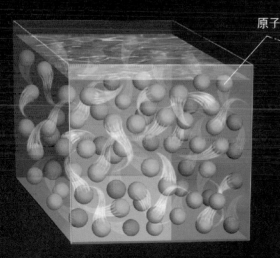

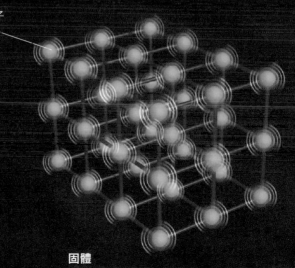

液體
通常當溫度降到某個程度以下，氣體就會因為原子（或分子）之間的引力變成液體。原子無法像氣體時那樣飛行，但仍然可以自由運動。

固體
若溫度降得更低，則原子（或分子）再也無法自由運動而變成固體。不過，即使處於固體狀態，原子也會因為熱而振動。該振動的劇烈程度就是固體的溫度。

電阻為零的「超導現象」

極低溫研究所發現的
不可思議現象

在 接近絕對0度的極低溫，會發
生非常神奇的現象。1908年，
荷蘭物理學家昂內斯（Kamerlingh
Onnes，1853～1926）把最難液化的
元素氦成功液化（絕對溫度4.2度）
了。他接著使用液態氦來冷卻水銀，
調查其電阻。結果發現，水銀的電阻
在絕對溫度4.2度附近突然變成零。

電阻變成零，則即使不施加電壓，
電流也會永遠地持續流動，是非常

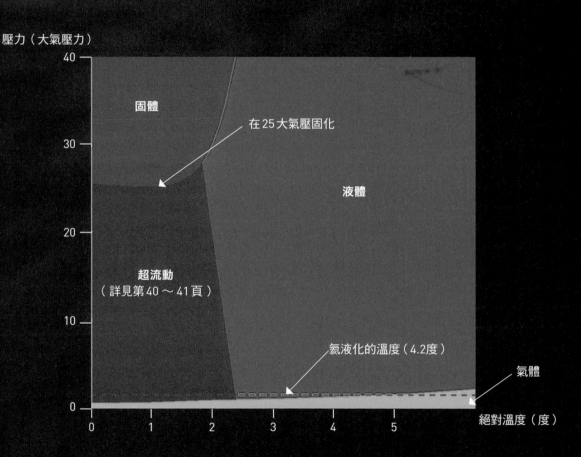

壓力（大氣壓力）

固體

在 25 大氣壓固化

液體

超流動
（詳見第40～41頁）

氦液化的溫度（4.2度）

氣體

絕對溫度（度）

氦即使在絕對0度也不會結冰
上圖所示為氦的溫度與壓力造成的狀態變化。一般的元素在低溫都會結冰，
但氦即使在絕對0度也不會結冰。

奇妙的狀態。這稱為「超導現象」
（superconductivity），可望運用於
各式各樣的領域。舉例來說，使用以
超導物質為導線製成的線圈，能夠製
造出非常強力的電磁鐵。

目前，超導磁鐵已經開始實際運
用了，相關範例包括：拍攝人體環
切影像的「MRI（核磁共振造影）
設備」、線性馬達車（詳見第42～43
頁）的懸浮用磁鐵等。

超導現象

所謂的超導現象，是指把某種物質降到極
低溫時出現的電阻為零的現象。如下圖所
示，把一個小型永久磁鐵放在超導體的上
方，則永久磁鐵會懸浮在空中。超導體內
部產生的環狀電流不會衰減且一直流動，
藉由磁力的排斥作用使永久磁鐵懸浮。

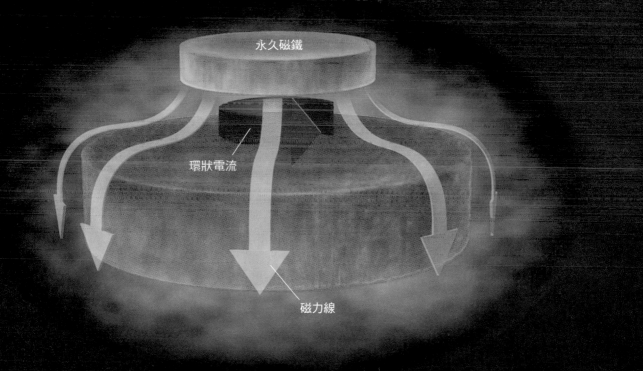

永久磁鐵

環狀電流

磁力線

「超流動性」是超出常識的不可思議現象

液態氦能夠順暢地通過細管

現在來看看「阻力為零」所產生的不可思議現象吧！如果把液態氦冷卻到絕對溫度2.2度以下，則無論多麼細小的管子，都不必施加任何力就能順暢地通過，這種現象稱為「超流動性」（superfluidity）。超流動氦沒有黏性，阻力為零。而且，超流動氦即使遇到濾網之類充滿障礙物的狀況，仍然可以若無其事地穿透過去。

膜狀超流動氦

杯子

超流動氦

像生物般爬上壁面而溢出的超流動氦

把超流動氦裝入杯子內，來自壁面的力（分子之間的力）會把液面往上拉，因而沿著壁面形成超流動氦薄膜。超流動氦能夠在薄膜中「沒有阻力」地流動，所以會依循「虹吸原理」溢出杯外。

如果是一般的液體，各個原子能夠自由移動，所以原子會撞擊障壁（稱為阻力）。但是，超流動氦中的各個原子無法「單獨行動」，而是處於宛如眾多原子手拉著手般的狀態，所以即使遇到障礙物也無法阻擾其流動，故阻力會變成零。

最後，談一下「超導」和「超流動」之間的關係。超導就是電子變成超流動的現象。在超導的狀態下，電子不會受到晶體中的離子等障礙物阻擾，而能毫不受阻地流動。

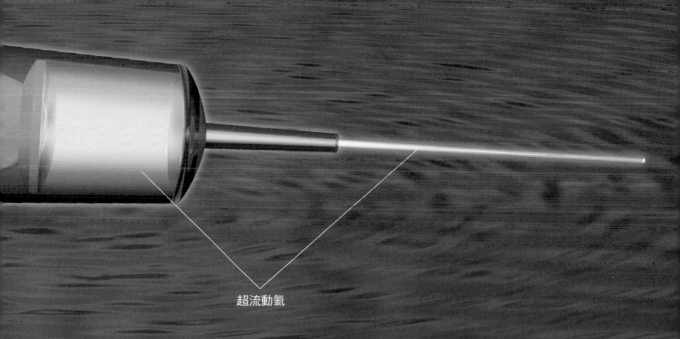

超流動氦

順暢通過細管的超流動氦

若要使水通過注射器針頭這類細管，就必須施加某個程度的力（壓力）才行。這是因為水具有黏性，會受到來自管子內壁的阻力。但是，即使不施加壓力，超流動氦也能毫無阻礙地通過非常細小的管子，這是因為超流動氦不會受到來自管子內壁的阻力。

利用超導的線性馬達車

最尖端科技問世之日
即將來臨

近年來，線性馬達車逐漸普及於都市型交通系統。因其具有能夠降低車身高度、縮小隧道截面等特性，所以大多運用於都會區的地下鐵等處。

線性馬達車使用磁鐵行駛，但目前的車型都是使用在常溫下運作的電磁鐵。日本鐵道綜合技術研究所和JR東海正在合作開發的磁浮式線性馬達車，企圖把這種常溫電磁鐵換成超導

電磁鐵。

　　超導電磁鐵沒有電阻、不會發熱，所以能產生比常溫電磁鐵更強大的磁力，因此行駛的速度可望達到現有新幹線的兩倍。該計畫預計於2027年開始營運，目前正在日本山梨縣的實驗線反覆實施行駛測試，最快曾達到時速603公里，刷新了全世界載人陸地交通工具的最高速度紀錄。

用了才會明白 0的重要功能

羅馬數字沒有 0，而是使用「I」、「X」、「C」、「M」等符號分別代表「1」、「10」、「100」、「1000」。舉例來說，「3002」記成「MMMII」。乍看之下好像沒有什麼問題，但如果不創造出無數個符號來表示不同的位數，勢必無法表示所有的自然數。

羅馬數字中，需要無數個符號才能呈現所有的自然數

0	1	5	10	50	100	500	1000
無	I	V	X	L	C	D	M

羅馬數字中沒有符號能夠表示比這更大的數，所以似乎無法呈現4000以上的數。

$$3002 = MMMII$$

另一方面，如果想只用幾個固定的數字來表示所有的自然數，則必須要有表示空位的符號（亦即0）才行。例如，在美索不達米亞採行的方法，是在數字與數字之間插入斜斜的楔子，藉此區別「11」和「101」。但即便如此，也只能用於表示位與位之間的空位，無法表示「11」、「110」、「1100」的區別。

若要呈現所有的自然數，就不能缺少「0」。

60²位數　　60位數　　個位數

此為美索不達米亞使用的數字。正中央的斜楔子符號表示空位，相當於0。巴比倫使用60進位法，所以右側為個位，中間為60位數，左側為60²位數。圖中的數字如果轉換成現代記法，即為（60²×1）＋（60×0）＋（1×2）＝3602。

「真空」真的存在嗎？

古希臘偉大哲學家的大論戰

在大約2400年前的古希臘時代，曾經針對空無一物的空間「真空」展開一陣激烈的論戰。「原子論」的提倡者德謨克利特（Democritus，前460左右～前370左右）認同真空（虛空）的存在，並主張所有物質都是由無法再進一步分割的粒子「原子」（atom）所構成。他認為這些原子需要「虛空」（kenon，空無一物的空間）作為活

德謨克利特的想法

天體懸浮在虛空的空間

原子在「虛空」中活動

物質由原子構成

動的舞台。

其後登場的人是赫赫有名的哲學家亞里斯多德（Aristotle，前384～前322），他認為這個宇宙的大小有限，每個角落都充滿看不見的物質，虛空的空間並不存在。

亞里斯多德認為「自然厭惡真空」，否定了德謨克利特的主張。而亞里斯多德對於真空的見解，在之後長達2000年的期間為世人所深信。

亞里斯多德的想法

天界充滿以太

周圍布滿了物質

火

土

空氣

水

萬物皆由四種元素構成

真空的存在
已藉由實驗證明

在17世紀的歐洲
進行的兩項實驗

確認了真空存在的實驗

插圖所示為托里切利使用水銀進行的實驗（右）以及格里克使用銅製半球進行的「馬德堡半球實驗」（下）。根據托里切利的水銀柱實驗，首度確認了真空的存在。

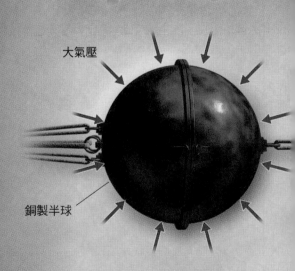

過去在歐洲會使用一種幫浦，藉著把管內的空氣抽光，將井底的水吸上來。當時人們認為這是因為「自然厭惡真空」，所以才會把井水吸上來補滿管內的真空，卻始終想不透為何深度一旦超過大約10公尺，井水就抽不上來了。

解開這個謎題的人，是義大利物理學家托里切利（Evangelista Torricelli，1608～1647）。托里切利認為，是大氣的重量對井底水面施壓，所以才能把管內的水給壓上來，而且大氣施加的力只足夠把水壓至10公尺高。

1643年，托里切利把玻璃管的上部做成真空，並且使用比重大約為水的14倍的水銀來進行實驗，以便確認這個想法。

此外，德國科學家格里克（Otto von Guericke，1602～1686）也在1654年使用與托里切利不同的方法，進行了一項證明真空存在的實驗。

大氣壓

銅製半球

馬德堡半球實驗
格里克製造了兩個銅製半球，在未使用螺絲等物的情況下將其單純地拼在一起，再把內部的空氣抽掉，使半球受到外部大氣推壓而緊密貼合。然後，分別在兩個半球側面繫上8匹馬，使勁往相反方向拉扯，結果半球完全不會脫開。實驗地點在格里克擔任市長的馬德堡，因而得名。

真空

玻璃管

76公分
（換算成水約10公尺）

水銀
（常溫下為液態金屬）

大氣壓力

水銀的
壓力

托里切利的水銀柱實驗
將一端封閉的 1 公尺長玻璃管
灌滿水銀，再把開放的另一端
插入裝滿水銀的容器中，將其
豎立起來，玻璃管內的上部就
會形成空洞。這個空洞正是人
類首次以肉眼可見的形式製造
出來的真空。

　此時玻璃管內的水銀液面高
度，距離容器中的水銀液面大
約76公分。玻璃管上部之所以
會形成空洞，是因為大氣壓力
把容器中的水銀液面往下壓，
而玻璃管內水銀柱的重量也會
產生把容器中水銀液面往下壓
的壓力，兩者為了平衡遂使水
銀柱高度往下降的緣故。

眼前的空氣中
也有真空存在？

把物質不斷地
細分、切割下去……

分布在分子和分子之間的真空

如果以分子的尺度來看房間內的空氣，可以看到無數個氮分子和氧分子等在漫天飛舞。但是，在這些分子和分子之間，沒有任何物質存在。也就是說，這個地方可以稱之為真空。空無一物的空間其體積遠比分子所占的體積大，因此也可以說，我們被「真空」包圍著。

聽到真空，或許會覺得和日常生活沒有什麼關係。那麼，來思考看看房間內的空氣（1大氣壓，20℃）吧！

空氣的主要成分是氮分子和氧分子。這些分子非常微小，只有0.35奈米（1奈米為10億分之1公尺）左右而已，但每1立方公分的空間中有2.5×10^{19}個（2500兆個的1萬倍）分子存在。

儘管數量如此眾多，分子和分子之間仍然有空間。其平均距離為數奈米左右，約為分子大小的10倍。就「沒有物質」這個意義而言，分子和分子之間的空間可以說是真空的。

而且，空氣分子所占的體積只有其他部分（亦即真空）的體積的1000分之1左右而已。也就是說，空氣其實非常地稀疏，說它和真空差不多也不為過。

二氧化碳分子

氮分子

氧分子

分子和分子之間為「真空」

水分子

原子裡面也有幾近空無一物的「無」

原子核和電子之間是無的空間

假設原子核的大小和足球一樣大……

請參照插圖來感受氫原子內部有多麼地空蕩蕩。假設原子核的大小和足球（直徑約20公分）一樣，那麼大致上來說，電子就位於飛機飛行的高度（約10公里）附近。原子核和電子之間什麼都沒有，因此可以說原子核內部幾乎是空的。

不只分子之間，就連原子本身也有「無」的空間存在。例如，氫原子是由原子核（質子）和電子構成，電子在原子核的周圍繞轉，但是在原子核和電子之間，則是什麼都沒有的「無」的空間，也就是真空。

那麼，原子核和電子之間的真空有多麼「廣闊」呢？氫原子的直徑為0.1奈米左右，原子核（質子）的直徑為其10萬分之1左右。以體積來說，原子核在原子中所占的比例，只有整個原子的1000兆分之1而已。再者，電子的體積小到可以忽略不計（視為零）。這麼一想，原子的內部可以說是幾近空無一物。

其他原子的情形也差不了多少。由於一切物質都是由原子所構成，因此可以說空氣、水、冰、鐵等存在於這世上的一切物質，實際上都和「無」沒有多大的區別。

電子

原子核

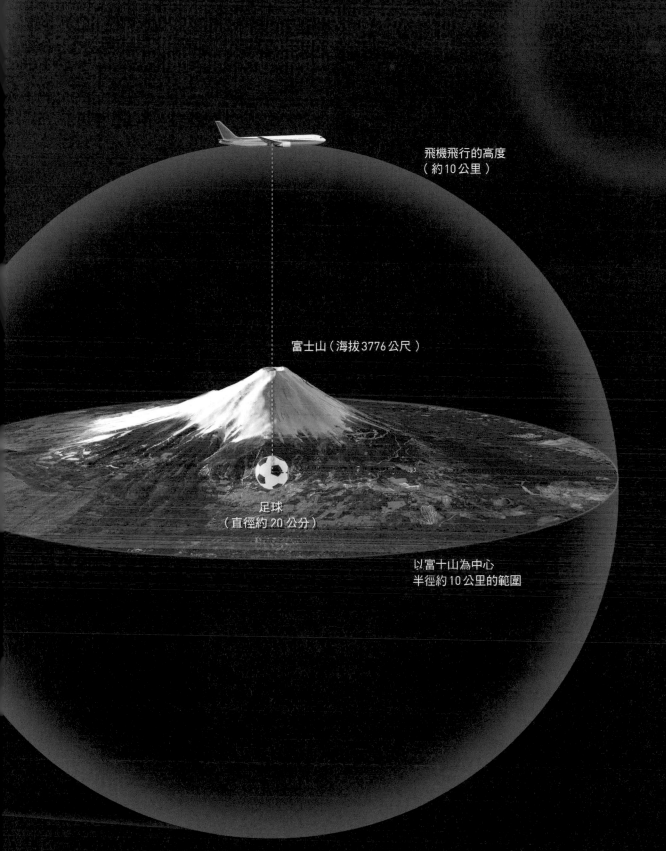

飛機飛行的高度
（約10公里）

富士山（海拔3776公尺）

足球
（直徑約 20 公分）

以富士山為中心
半徑約10公里的範圍

註：原子核、電子、足球、飛機的大小呈現得較為誇大。

密度為「零」的空間「真空」的世界

能穿透一切的
「幽靈物質」

無數微中子
正穿過你的身體

有一種幽靈般的基本粒子稱為「微中子」（neutrino），能夠輕而易舉地穿過任何東西。為什麼它能做到這件事呢？

一般認為，微中子的大小和電子一樣都是零。此外，由於微中子是電中性，所以不會被帶電荷的電子及原子核吸引或排斥。因此，微中子能夠輕易地穿過原子。我們的周遭有大量的微中子在飛竄，地球上每 1 平方公分、每 1 秒鐘有多達660億個來自太陽的微中子穿過。

從這個角度來看，可以說我們周遭的物質幾近於「無」。然而在日常生活中，由於各種物質的電子彼此會因為電力而互相排斥等，所以我們不會察覺到「無」。

微中子會穿過「空蕩蕩」的原子

不論何時總有無數的微中子降注到地球上，但我們通常不會察覺到。這些無數的微中子幾乎不會與原子產生碰撞，而是直接穿過我們的身體，甚至能輕而易舉地穿過地球。由此可知，我們周遭的物質（原子）是幾近「空蕩蕩」的。

微中子

最新技術創造的 10兆分之1大氣壓

創造出超高真空的 驚奇科技

氣體分子飛出來

圖為實驗裝置的管內模樣。在電子和正電子的飛行區域 —— 管道內側的表面，黏附著許多分子和原子。為了製造高度真空，就必須去除這些從表面飛出來的分子及原子。因此，在管內裝設鈦這類反應性（不等於活性）高的金屬，使管內保持10兆分之1大氣壓的「超高真空」。

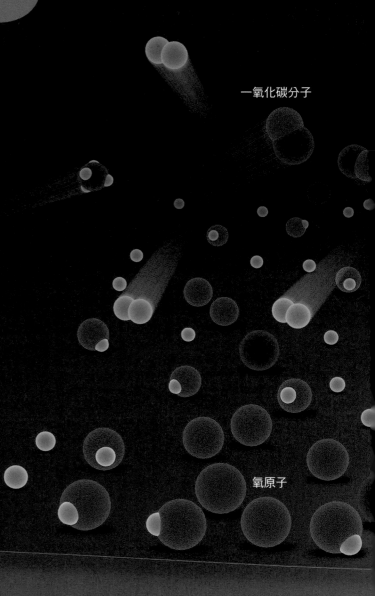

一氧化碳分子

氧原子

有一種名為「加速器」的基本粒子實驗裝置，能夠把電子和「正電子（帶正電的粒子，是電子的反粒子）」的集團加速，使其在環狀的管道內部朝相反方向繞轉，藉此互相對撞來觀察基本粒子的行為。

在這類實驗中，如果管內有多餘的氣體分子存在，則電子和正電子會撞上氣體分子而損失，所以必須使管道內部成為真空狀態。但是，如果只用幫浦排出空氣，無法製造出完全空無一物的真空。為了盡可能達到真空狀態，就必須仰賴特殊的裝置，例如在管內裝設以鈦等金屬製成的板子，用於吸附偶然飛來的分子。

位於日本茨城縣筑波市研究設施的加速器，能夠製造出10兆分之1大氣壓的「超高真空」加以利用。

註：以這個尺度而言，實際上也能看到構成管道的銅原子，但在此為了清楚呈現吸附的原子等，將其畫成板狀。

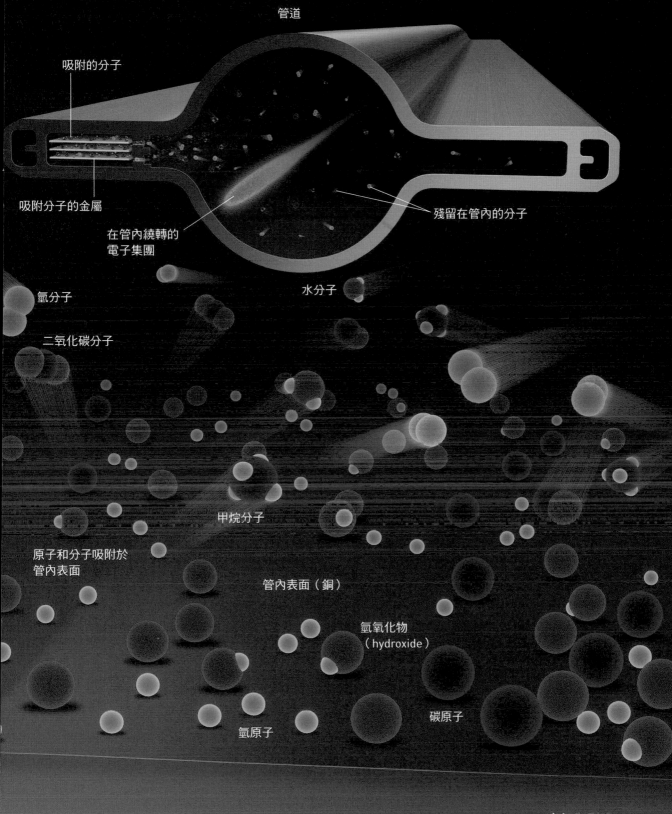

管道

吸附的分子

吸附分子的金屬

在管內繞轉的
電子集團

殘留在管內的分子

氫分子

水分子

二氧化碳分子

甲烷分子

原子和分子吸附於
管內表面

管內表面（銅）

氫氧化物
（hydroxide）

氫原子

碳原子

真空真的是
空無一物的空間嗎？

真空充滿著
幻影一般的電子？

以往，人們認為真空就是「空蕩蕩的空間」。但是，英國物理學家狄拉克（Paul Dirac，1902～1984）在1929年提出了一個新理論，徹底推翻了真空的意象。他主張真空中填滿了密密麻麻的「幻影電子」（具有負能量的電子）。

如同人們幾乎不會意識到空氣的存在，我們也無法觀測填滿所有空間的「幻影電子」。「處處皆有」和「處

量子論登場前的真空意象
除去原子等一切物質後所殘留的空蕩蕩空間。

處皆無」其實是無法區分的。

狄拉克運用這個真空的意象，預言了正電子（反電子）的存在。正電子是酷似電子，但具有和電子完全相反之正電荷的基本粒子。狄拉克認為正電子有如「真空中的洞」，如果拿掉一個幻影電子，它留下的洞就會像一個粒子那樣活動，令我們將之當成粒子看待。

狄拉克認為空間被看不見的「幻影電子」（具有負能量的電子）填滿，並以「從空間拿掉幻影電子後留下的洞」來說明正電子（反電子）。正電子這種洞能在空間自由活動，而被當作「粒子」觀測到。

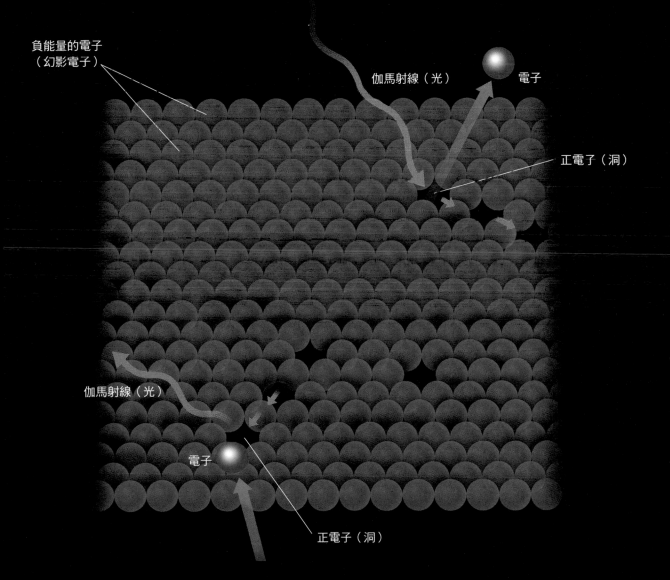

負能量的電子
（幻影電子）

伽馬射線（光）

電子

正電子（洞）

伽馬射線（光）

電子

正電子（洞）

雖說是真空，卻非完全的「無」！

粒子和反粒子
反覆地誕生、消滅

前頁介紹的狄拉克所主張的真空意象，現在已遭到否定。但是，人們在1932年從宇宙射線（從宇宙傳來的高能量放射線）中實際發現了正電子。「真空並非空無一物」的真空意象也換成了另一種面貌，在現代物理學中傳承下來。狄拉克的真空意象對於後來的物理學產生了重大的影響。

那麼，現代物理學所認為的真空意象，又是什麼模樣呢？

以基本粒子的尺度來看，可以說粒子和反粒子（例如電子和正電子）在真空中反覆地成對誕生又消滅。這意味著，真空不會成為完全的「無」（基本粒子為零的狀態）。

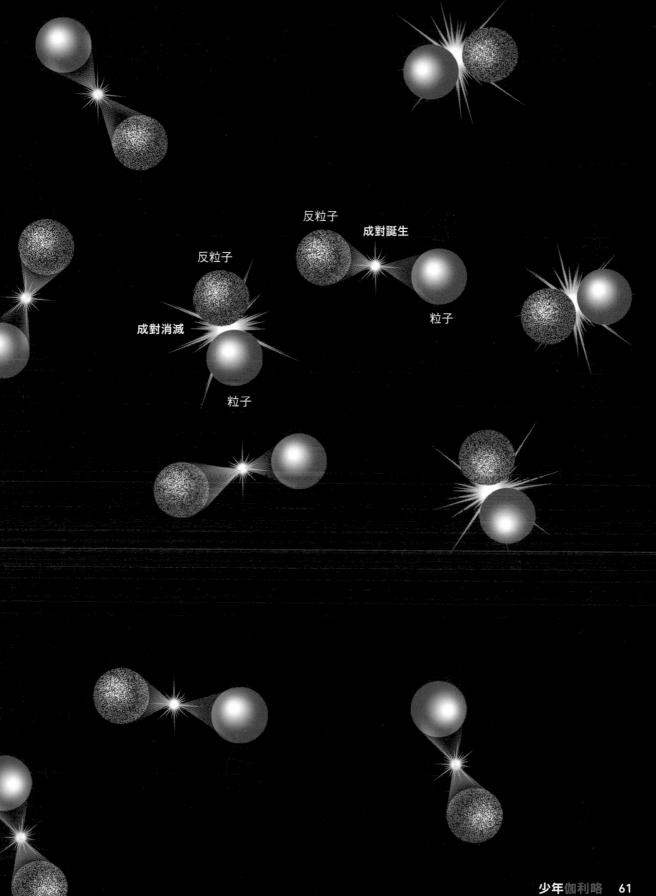

反粒子

成對誕生

反粒子

粒子

成對消滅

粒子

生活中能切身體會
0的重要性

在 柔道、劍道或是將棋及圍棋等領域，通常會使用「段」或「級」來表示技藝的強度。「段」是數字越大則越強，「級」卻相反，數字越大則越弱。

高樓建築會使用「…, 3樓, 2樓, 1樓, 地下1樓, 地下2樓, 地下3樓, …」來表示。

像這種數的記數法，乍看之下好像沒什麼問題。但是，假設我們要計算從地上3樓到地下2樓總共有幾層樓的時候，把地上3樓（3）減去地下2樓（-2），即「3-（-2）＝5」，得到的答案是「5層樓」，但實際上是4層樓。

這個問題的原因，就出在中間少了一個「0樓」。也就是說，即使我們把「-3」當作一個數，卻未把「3」和「-3」的平均值「0」也當作一個數的話，就會產生不便。此即「0」的另一個功能。

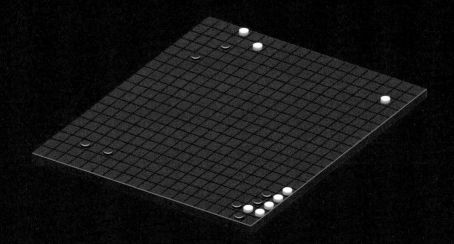

在日本，將棋、圍棋和武術等領域，是以「段」和「級」作為強度的基準。「初段（1段），2段，3段，4段，…」表示強度漸增；「1級，2級，3級，4級，…」表示強度漸弱。換句話說，是排列成「…, 4, 3, 2, 1, -1, -2, -3, -4, …」。若要論將棋5段和2級相差幾階，答案是6階而非「5-（-2）＝7」。

從地上3樓走到地下2樓，總共走了幾層樓呢？如果直接以 3 −（−2）計算，會多1層樓。因為大樓並沒有相當於地上0樓的樓層。少了0，即使是小小的計算也會變得麻煩。

光是質量為零的粒子？

愛因斯坦闡明了光的本質

接著，來探討我們非常熟悉的「光」與零的關係吧！光（光子＝光的粒子）是兼具「波」與「粒子」性質且質量為零的存在。

愛因斯坦（Albert Einstein，1879～1955）正確地預言了光所受到的重力影響，他在1916年發表了「廣義相對論」（general relativity）。依據廣義相對論進行計算的結果顯示，光的行進路線會因為重力而彎曲，且其彎曲程度還比依據愛因斯坦以前的力學計算出的軌跡大了2倍。這是因為重力造成空間「扭曲」，使得通過空間的光增加了被該空間的「扭曲」拉彎的效果。

1919年，在日食之際觀測到從太陽背後的恆星傳來的光發生彎曲，證實了這項預言。

如愛因斯坦預言所述彎曲的光

正如廣義相對論所預測的，已經確認通過太陽附近的光其行進方向的彎曲程度，是依據過往力學所預測的2倍。

直線行進的狀況

依據愛因斯坦以前的力學所預測之光的軌跡

實際上光的軌跡（符合愛因斯坦的預言）

光子的質量為零
光是波，同時也具有粒子的性質。首先
提出這個論點的人是愛因斯坦（光量子
假說）。而光的粒子「光子」的質量為
「零」。

太陽背後的遠方恆星

太陽

質量為零的光
會彈飛電子

光的質量為零
但具有能量

波長較長的光

金屬

撞球這種比賽是利用自己的球去撞擊其他的球,藉此讓球滾動或落袋來一決勝負。但是,如果自己的球太輕,便無法撞飛其他的球。球越輕,給予其他球的影響就越小。

然而不可思議的是,光子雖然「質量為零」,卻能夠把電子撞飛出去。這種現象稱為「光電效應」(photoelectric effect),也是太陽能電池(太陽能發電)運作的原理。

光子雖然質量為零,但具有能量。首先,電子吸收光子而獲得能量。接著,利用這個能量強勁地「彈飛出去」。

何謂光電效應?

光照射金屬時,金屬中的部分電子接收光能量並藉此飛出去,這個現象稱為光電效應。照射金屬的光其波長越長(左頁)則光的能量越小,不容易發生光電效應。如果光的波長夠短(右頁),電子就會因為光電效應而飛出去。

波長較短的光

飛出去的電子

金屬

質量為零的天體「黑洞」

黑洞持續地收縮到
體積為零

「**黑** 洞」（black hole）是一種朝「大小為零」持續收縮的天體。黑洞的重力非常巨大，任何通過它附近的東西都會被吞噬，一旦被吞噬進去，就連光也無法逃脫。這也是根據愛因斯坦廣義相對論得出的預言，不過連愛因斯坦本人也懷疑是否有黑洞存在。

美國物理學家歐本海默（Robert Oppenheimer，1904～1967）等人

黑洞的本體朝「零」持續收縮

黑洞的本體（原本是恆星的核心）朝大小為零持續收縮，可一旦完全收縮成零，密度會變成無限大，將使現在已知的物理定律完全崩潰。因此，現代物理學主張它會收縮到10^{-33}公分左右，但再接下去就不知道了。

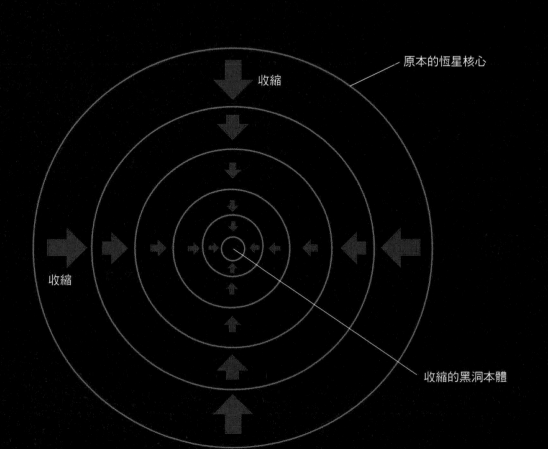

收縮

原本的恆星核心

收縮

收縮的黑洞本體

於1939年主張，在實際的宇宙中應該有黑洞存在。恆星在生涯的最後階段會發生大爆炸，其外層隨著爆炸而膨脹飛散，至於核心反而會因為強大的重力收縮（重力塌縮）。歐本海默認為，如果原本恆星的重量（質量）超過某個程度，則核心的重力塌縮將無法停止，會持續地朝大小為零收縮下去。也就是說，這個天體的密度將會趨近於無限大，其強大重力對周遭產生影響，這就是黑洞的真相。

黑洞

黑洞的本體
也稱為奇異點（意味著大小為零、密度無限大）。原本是恆星的核心。

連光也會吸入的黑洞

事件視界

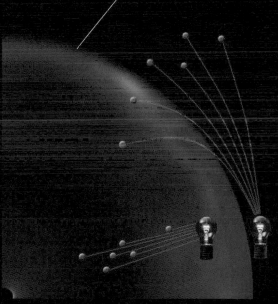

在黑洞的內部，光只會朝中心行進。

事件視界
包括光在內的任何物質，一旦進入這個球面內部就無法逃脫。事件視界及其內部合稱為「黑洞」。

愛因斯坦預言的時間延遲

在黑洞附近的速度
看起來為零

探測船

藍光

試著觀察一架朝黑洞飛去的探測船,看看它在逐漸接近黑洞的時候,會發生什麼事吧!。

如果探測船接近的天體是地球或太陽,則探測船會在重力的影響下速度漸增,最後撞上這個天體。但是,如果觀測的對象換成黑洞,便會發生非常奇妙的事。雖然探測船沒有煞車,速度卻看起來越來越慢了。當探測船飛到貼近黑洞的事件視界時,速度最終變成「零」,看起來靜止不動了。

這是廣義相對論所預言的時間延遲效應的呈現。根據廣義相對論,巨大重力源附近的時間從遠處來看會變慢。而像黑洞這種超巨大重力源,看起來在其事件視界的時間完全停止了,且在該處的探測船速度為零。

母太空船

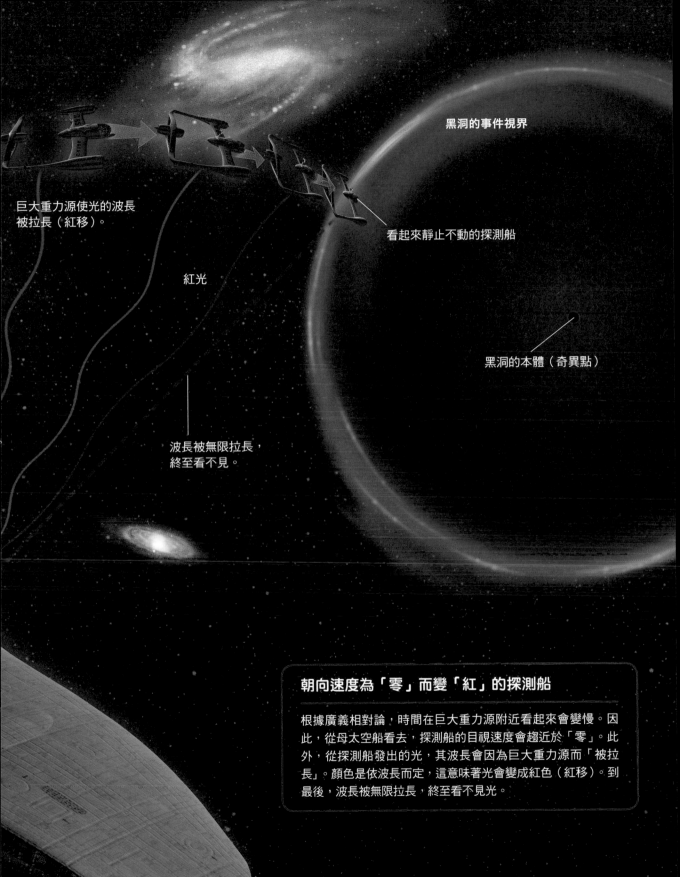

黑洞的事件視界

巨大重力源使光的波長
被拉長（紅移）。

看起來靜止不動的探測船

紅光

黑洞的本體（奇異點）

波長被無限拉長，
終至看不見。

朝向速度為「零」而變「紅」的探測船

根據廣義相對論，時間在巨大重力源附近看起來會變慢。因此，從母太空船看去，探測船的目視速度會趨近於「零」。此外，從探測船發出的光，其波長會因為巨大重力源而「被拉長」。顏色是依波長而定，這意味著光會變成紅色（紅移）。到最後，波長被無限拉長，終至看不見光。

Coffee Break

飛向黑洞的
探測船行蹤

從母太空船觀察朝超巨大黑洞接近的探測船,會看到探測船的速度逐漸降低,終至停止不動。

那麼,此時搭乘探測船的太空人處於何種狀況呢?事實上,從搭乘探測船的太空人來看,探測船似是若無其事地通過事件視界,衝進黑洞內部。

若無其事地飛進黑洞的探測船

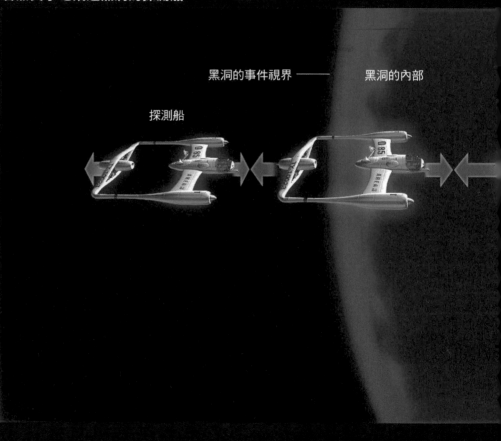

黑洞的事件視界 —— 黑洞的內部

探測船

從母太空船看去，探測船永遠無法抵達事件視界，但是從探測船來看，幾乎是一下子就通過了事件視界。

根據相對論，時間的流動對所有觀測者而言未必相同，時間的行進方式會依觀測者而異。雖然違反日常生活中的常識，但是對處於黑洞事件視界的探測船、位於遠處的母船而言，時間的行進方式完全不一樣。

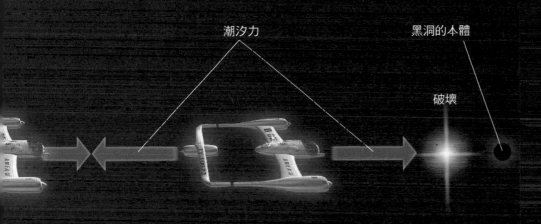

潮汐力

黑洞的本體

破壞

從探測船來看，自己的時間並沒有變慢，會順利通過黑洞的事件視界。越靠近黑洞的中心，重力越強，所以探測船的前端和後端所承受的重力有落差，導致探測船受到潮汐力作用被拉長。因此，探測船有可能會在中途因為強大潮汐力的拉扯而解體！

廣大宇宙初生時的模樣

從比基本粒子還要小的「無」誕生的宇宙

「宇宙有開端嗎？或者從遙遠的過去就一直存在呢？」這是人類永遠的疑問吧！針對這個疑問，美國塔夫茨大學的維連金（Alexander Vilenkin，1949～）於1982年發表了一篇論文〈從無誕生的宇宙〉，掀起了巨大的波浪。

維連金主張，宇宙是從沒有任何物質、也沒有時間和空間的「大小為零」的「無」中誕生。剛誕生的宇宙

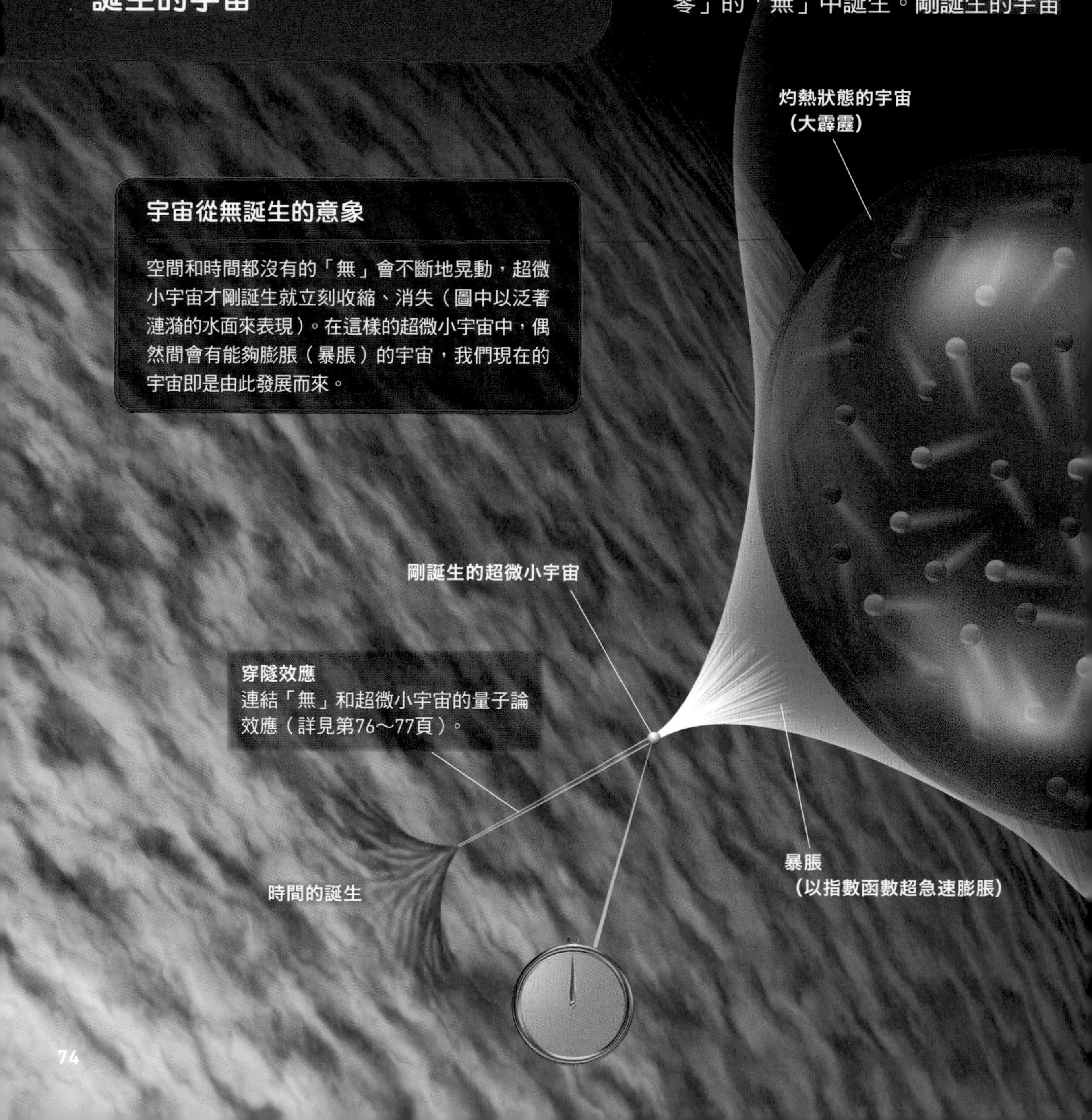

灼熱狀態的宇宙（大霹靂）

宇宙從無誕生的意象

空間和時間都沒有的「無」會不斷地晃動，超微小宇宙才剛誕生就立刻收縮、消失（圖中以泛著漣漪的水面來表現）。在這樣的超微小宇宙中，偶然間會有能夠膨脹（暴脹）的宇宙，我們現在的宇宙即是由此發展而來。

剛誕生的超微小宇宙

穿隧效應
連結「無」和超微小宇宙的量子論效應（詳見第76～77頁）。

暴脹（以指數函數超急速膨脹）

時間的誕生

74

遠比原子及原子核還要小，但這個超微小宇宙藉著膨脹，逐漸變成現今的廣大宇宙。

維連金這個發想的靈感來自於基本粒子從真空產生。根據量子論，即使是真空也不會一直保持「什麼都沒有」的狀態。同樣地，即使是連空間都沒有的「無」也是如此。

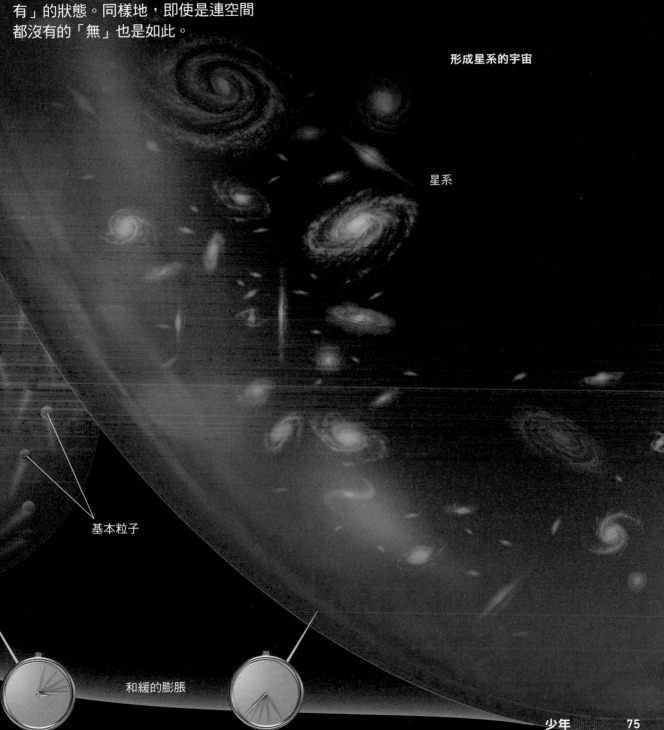

形成星系的宇宙

星系

基本粒子

和緩的膨脹

宇宙從「無」誕生的根據是什麼？

宇宙得以從無飛躍而出的「穿隧效應」

維連金認為從無誕生的超微小宇宙有兩種，一種在誕生後會立刻收縮而消失，另一種能夠持續膨脹，留存下來而後發展成像現今宇宙這類樣貌。

如果利用穿隧效應（tunneling effect，下圖），那麼在某個機率下，「消失的宇宙」能夠轉移成為「留存的宇宙」。

維連金嘗試把這種「消失的宇宙」

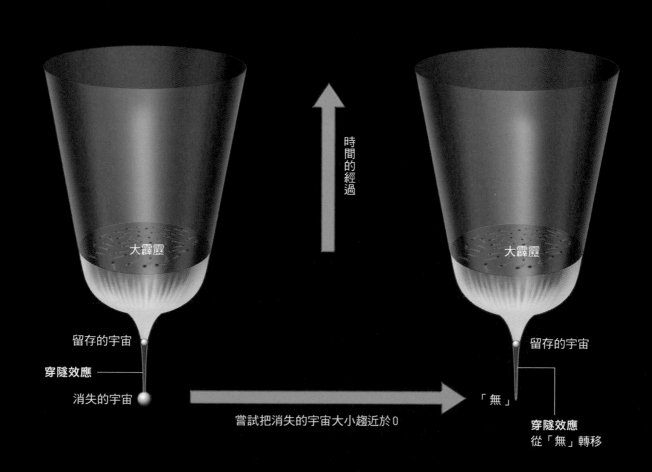

時間的經過

留存的宇宙
穿隧效應
消失的宇宙
嘗試把消失的宇宙大小趨近於0

留存的宇宙
「無」
穿隧效應
從「無」轉移

大霹靂

的大小逐漸縮小，直到變成零（亦即「無」），然後計算在這種狀況下，有沒有可能發生穿隧效應。根據計算的結果可知，從無轉移成為「留存的宇宙」的機率並不是零。

　　這就是「宇宙從無誕生」的腳本。

穿隧效應

在比原子更小的微觀世界中，粒子有時會「穿越」山丘抵達C點。這種把在巨觀世界中無法轉移的兩個狀態連結在一起的效應稱為「穿隧效應」。

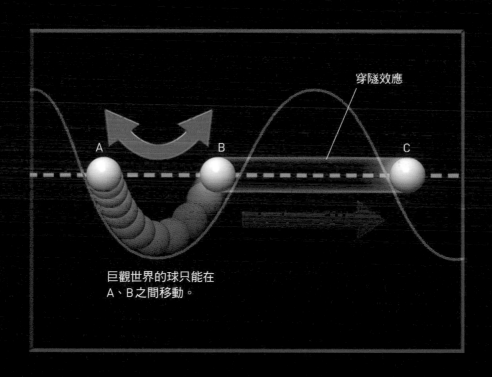

穿隧效應

巨觀世界的球只能在
A、B之間移動。

關於「無是什麼」的探討，至此告一段落。在日常生活中，我們理所當然地使用著零（0）。但回顧歷史，便可明白先人們是如何一步步地發明了零，這一路上又經歷了多少爭論和考察。

不斷地深入探討零，便會面臨無限的挑戰：跨越重重障礙才創造出來的微積分、在溫度為零的世界所發生的神奇現象、從理應空蕩蕩的真空中誕生又消失的物質、在宇宙中質量為零的天體黑洞，乃至於現今這個宇宙都有可能是從無誕生。

若本書能成為啟發各位開始思考無的契機，那就太好了。

人人伽利略 科學叢書16

死亡是什麼
從生物學看生命的極限

　　生老病死是生命必然的循環，死亡在當今社會不再是禁忌的話題。生死學不只探討心理層面，也建立在醫學與生理的基礎上：人為什麼會老化？生與死的界線在哪？壽命為何有限？

　　本書從腦部、骨骼、皮膚等器官組織的變化來說明老化的過程；從植物人狀態與腦死的不同探究生與死的差異；從瀕死體驗與迴光返照解讀生死之境；從有性生殖與無性生殖看死亡的機制；從演化的歷史找出影響生物壽命長短的關鍵。

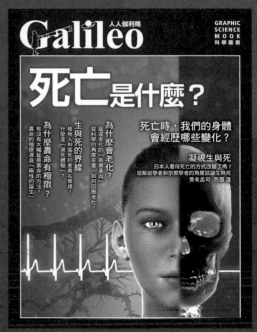

定價：380元

人人伽利略 科學叢書28

無是什麼？
「什麼都沒有」的世界真的存在嗎？

　　一提到「什麼都沒有」的空間，應該會馬上聯想到真空。但根據現代物理學的觀點，真空僅指寬寬鬆鬆的空間而已，即使從空間除去各種物質，裡面仍有基本粒子不斷生成、湮滅，還有許多能量與場充斥其中。

　　本書首先介紹生活中常見的「0」概念，接著以物理學角度探討連時間、空間都不存在的無，亦即我們現行宇宙的開端。究竟宇宙是如何誕生的？真空裡面到底還含有什麼呢？一起探究終極的「無」吧！

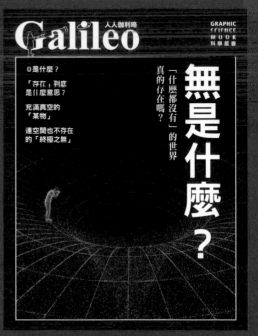

定價：500元

【 少年伽利略 34 】

無是什麼
「零」的應用＆「無」的本質

作者／日本Newton Press
特約編輯／洪文樺
翻譯／黃經良
編輯／蔣詩綺
發行人／周元白
出版者／人人出版股份有限公司
地址／231028 新北市新店區寶橋路235巷6弄6號7樓
電話／（02）2918-3366（代表號）
傳真／（02）2914-0000
網址／www.jjp.com.tw
郵政劃撥帳號／16402311 人人出版股份有限公司
製版印刷／長城製版印刷股份有限公司
電話／（02）2918-3366（代表號）
經銷商／聯合發行股份有限公司
電話／（02）2917-8022
香港經銷商／一代匯集
電話／（852）2783-8102
第一版第一刷／2022年12月
定價／新台幣250元
　　　港幣83元

國家圖書館出版品預行編目（CIP）資料

無是什麼：「零」的應用&「無」的本質
日本Newton Press作；
黃經良翻譯. -- 第一版. --
新北市：人人出版股份有限公司, 2022.12
面；公分. ---（少年伽利略；34）
ISBN 978-986-461-316-8（平裝）
1.CST：理論物理學

331   111018550

NEWTON LIGHT 2.0 MU TO HA NANI KA
Copyright © 2021 by Newton Press Inc.
Chinese translation rights in complex
characters arranged with Newton Press
through Japan UNI Agency, Inc., Tokyo
www.newtonpress.co.jp

Staff

Editorial Management	木村直之
Design Format	米倉英弘＋川口 匠（細山田デザイン事務所）
Editorial Staff	上月隆志，谷合 稔

Photograph

42〜43　　oka/stock.adobe.com

Illustration

Cover Design	宮川愛理
2〜31	Newton Press
32〜33	Newton Press（資料提供：東京証券取引所）
34〜55	Newton Press
56〜57	吉原成行
58〜77	Newton Press